倍速講義

杜拉克×卡內基 商業小學堂

監修
藤屋伸二
藤屋利基戰略研究所

楓葉社

前言

杜拉克與卡內基。不論他們是什麼樣的人，或許很多人至少聽過他們的名字。

杜拉克是首位將如今已成為理所當然的「管理學」概念系統化的人物。他闡述了個人、組織及公司的運作方式，被譽為現代經營學之父。

另一方面，卡內基則是研究如何建立良好人際關係以及向他人傳達訊息技巧的人物。他著有《人性的弱點》等書。儘管兩人來自不同的背景和成長環境，但他們都共通於重視「人」這一點。

本書精選他們教誨之中，對商業特別有用的部分，並匯集成冊。無論是想提升工作技能，還是在工作中感到困惑時，這本書都一定能幫助到你。

藤屋伸二

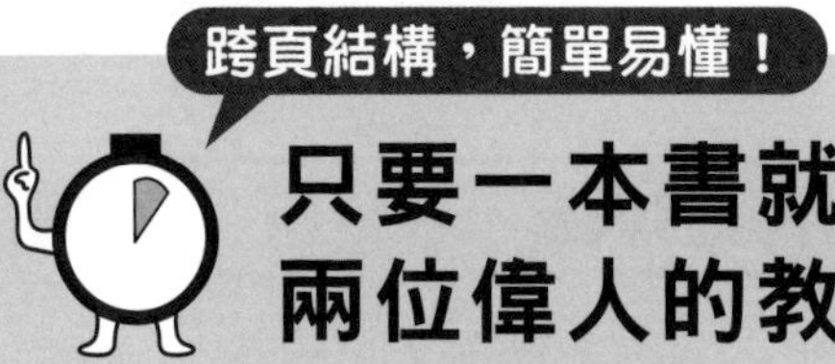
跨頁結構，簡單易懂！

只要一本書就能學習兩位偉人的教誨！

01
杜拉克到底是
什麼樣的人物？
1
2
「20世紀智慧巨人」
被如此評價的人物
STEP
1
3
同時在大學進行研究
我要寫出
好文章！
好！我取得了
國際法博士學位。
杜拉克出生於維也納的猶太家庭。年輕時，他一邊擔任新聞記者，一邊上大學，並取得了博士學位。
008
CH01
6
STEP
2
由於時代背景的
4
前往美國
我的論文引起了
納粹的不滿…
在事情發生之前，
我決定移居英國。
英國
能作為教授並任職，
終於安心了！
英國是不錯，
但美國也很有
吸引力。
美國
德國
由於他所著的論文觸怒了納粹，他移居到英國，之後又前往美國。在那裡擔任大學教授。
STEP
3
研究組織並將其
5
實踐
能否研究一下我們公司的
經營和組織結構？
是的，
我很樂意！
GM（通用汽車）
他所著的關於通用汽車的研究《公司的概念》成為暢銷書，並在管理學領域確立了無法撼動的地位。
009

超高效的速讀版面設計

1. 展示主題和目標。
2. 提供學習概要。
3.
4. 深入了解概要的 3 個步驟。
5.
6. 顯示此章節的進度。

這是一本只需目視
即可瞬間理解的
超高效入門書！

Contents

Chapter

1

有關杜拉克的基礎知識

被稱為「20世紀智慧巨人」和「管理學之父」的杜拉克。本章將介紹他的基本教誨。

01 杜拉克到底是什麼樣的人物？

「20世紀智慧巨人」
被如此評價的人物

STEP 1 擔任新聞記者，同時在大學進行研究

我要寫出
好文章！
好！我取得了
國際法博士學位。

杜拉克出生於維也納的猶太家庭。年輕時，他一邊擔任新聞記者，一邊上大學，並取得了博士學位。

STEP 2 ▶由於時代背景的原因前往美國

我的論文引起了
納粹的不滿…
在事情發生之前，
我決定移居英國。
英國
能作為教授並任職，
終於安心了！
英國是不錯，
但美國也很有
吸引力。
美國
德國

由於他所著的論文觸怒了納粹，他移居到英國，之後又前往美國。在那裡擔任大學教授。

STEP 3 ▶研究組織並將其付諸實踐

能否研究一下我們公司的
經營和組織結構？
是的，
我很樂意！
GM（通用汽車）

他所著的關於通用汽車的研究《公司的概念》成為暢銷書，並在管理學領域確立了無法撼動的地位。

02 可以從杜拉克身上學到什麼呢？

STEP 1 ▶不重視賺錢

是，是的！
要賺更多的利潤！
雖然說賺錢不能忽視，但並不是最重要的。

雖然大家對商業有賺錢的印象，但這並不是杜拉克理論的本質。

STEP 2 ▶杜拉克感興趣的是人類

之前的企劃書寫得
非常好！
真的嗎！謝謝您。
工作不是為了賺錢，
而是為了人的
生活意義和成長。

杜拉克重視的是那些為了社會和人類而工作的個人。

STEP 3 ▶根據自己的價值觀發揮優勢

重視挑戰精神！
注重準確性！
對人的興趣
無人能及！
根據自己的價值觀
發揮優勢最為重要。
開發
經理
營業

如果每個人都能發揮自己的優勢，社會將變得更好，大家會更幸福。這就是杜拉克教誨的精髓。

03 杜拉克所說的管理本質

2 min

管理就是
經營本身

STEP 1 ▸並不是管理者進行的經營控制

唉，
真累啊⋯
這樣的生活
讓我厭倦了⋯
以利益為第一！
無論如何都要
取得成果！

雖然人們對管理有時會聯想到業績管理，但如果僅以獲利為目的，組織只會變得更加疲憊。

STEP 2 ▸人們和社會的幸福才是最終目的

不是為了
獲利而工作。
GOAL
利
利
利
利潤只是
實現企業目標的
條件之一。
只要為了幸福而努力，
動力自然會提升。

獲得利潤後，最終目標是人們和社會的幸福。這才是企業活動的真正目的。

STEP 3 ▸管理就是為此建立的系統

經營的現狀和
我們公司的優勢是…
基於此制定策略！
執行制定的計劃。
這次的反省是…
①計劃立案
②實行
③評價

僅僅管理預算和制定計劃是不夠的。我們需要建立一整套策略、執行和評估的系統。

04 管理大致可分為3種類型

需要循環運行的
3種管理流程

STEP 1 ▶事業管理

經營策略
首先，
制定經營策略！

管理的第一個領域是事業。需要確定方向性和理念，並在此基礎上制定經營策略。

STEP 2 ▸管理層的管理

管理的第二個領域是關鍵的管理者，他們負責執行策略。

是的！
請妥善管理。
我們要
加強銷售。
交給我吧！
明白了！

STEP 3 ▸人事和工作管理

因為擅長數字，
能夠進行數據管理工作
我感到很高興。
因為擅長與人交談，
所以能夠負責
銷售工作也很高興。
以上3種管理的
有效運作是非常
重要的。

分配適合每個人的工作，如果有不足之處就進行教育，以確保工作能夠順利進行，這種現場層級的管理也是不可或缺的。

05 杜拉克認為的利潤是什麼樣的？

利潤是未來的成本

STEP 1 ▸企業並非僅以營利為目標的組織

利潤下降了⋯
怎麼才能
有效提高利潤呢？

只是單純想要提高利潤，
組織經營是不會成功的。

STEP 2 ▶顧客滿意度和生產力的提升是關鍵

首先要讓顧客感到滿意！
這樣一來，
利潤也會隨之而來。
管理成功了！
經營狀況
正在好轉～

只有當顧客滿意度提高、生產力增強時，組織的利潤才能增長。

STEP 3 ▶企業利潤是為未來的費用做準備

利潤是為未來的費用做準備金。這正是強調人們幸福的杜拉克所認為的利潤方式。

獲得的利潤應該
用於未來的

差不多該換新…
經濟不景氣的

06 為了讓組織創造利潤所必須做的事情

組織是
達成目標的機制

STEP 1 ▶組織不僅僅是人員的配置

企劃部
人事部
每個部門的人員都夠了，但好像沒有很好地運作。
營業部

只是在各個部門配置人員，組織是無法順利運作的。

STEP 2 ▶為了達成目標制定戰略計劃

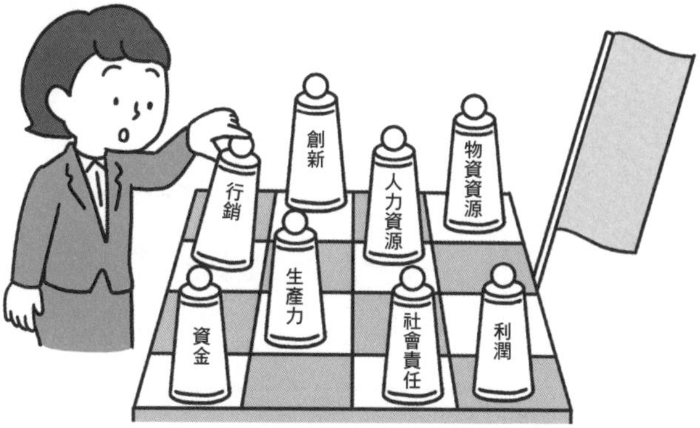

組織要為達成目標而制定戰略性目標。

STEP 3 ▶制定的戰略應該細化到戰術層面

除了人力資源，如何有效利用物資、資金和時間等經營資源，也是組織成功的重要因素。

07 能夠互相貢獻的配置對組織至關重要

組織即使是由
平凡人組成也無妨

STEP 1 ▶只有特定的人或部門出色是不行的

即使某個人或某個部門非常優秀，但作為一個組織來說，達成的成果還是很有限。

即使我們是
點子高手的
精銳部隊…
企劃部
光靠企劃部
是無法支撐
整個組織的。

STEP 2 ▶協作對組織有正面的影響

我也來幫忙吧！
合作的話
能做到的事
也會變多。
人事部
營業部
企劃部
經理部
一起支撐
這個組織吧！

透過協作，個人的負擔會減輕，組織的推動力也會提升。

STEP 3 ▶明確且相互的貢獻關係

上司與部下之間的縱向連結，還有部門間的橫向連結，雙方的貢獻關係都很重要。

為了透過協作達成成果，
彼此貢獻與被貢獻
是至關重要的。
部長的工作
我會幫忙的！
教育或反饋
的事情交給
我吧！
上司
營業部
企劃部
若需要任何銷售資訊，
我都會提供～
作為交換，我會告訴你們
從顧客那裡得到的真實意見。

Column①

杜拉克的簡易年表

杜拉克提出了前所未有的創新管理概念，因此被稱為「管理學之父」。

1909年	出生於奧地利維也納的一個德裔猶太人家庭。
1927年	進入德國漢堡的一家貿易公司工作，同時進入漢堡大學法學院就讀。
1929年	轉入法蘭克福大學法學院。儘管進入了一家美國銀行擔任證券分析師，但因紐約證券市場股價暴跌（世界大恐慌）而失業，開始當新聞記者。
1931年	獲得國際法的博士學位，並遇見了未來的妻子——學生桃樂絲。
1932年	多次採訪納粹的希特勒。
1933年	為了逃避納粹的恐怖，移居英國倫敦並在一家保險公司工作。與桃樂絲再次相遇。
1937年	與桃樂絲結婚並移居美國，在一家英國報社工作。
1939年	出版了處女作《經濟人的末日》。
1942年	任職於本尼頓大學教授，出版了《工業人的未來》。
1943年	受通用汽車（GM）的委託，進行了為期一年半的管理調查。根據調查結果進行了組織改革，並取得了巨大成功。
1946年	通用汽車（GM）的組織改革總結成書《企業的概念》，成為暢銷書。
1954年	出版了《現代的管理》，因此被稱為「管理學之父」。
1964年	出版了系統總結事業戰略制定方法的《創造型管理者》。
1973年	出版了管理學論集大成的《管理學》。
1985年	出版了《創新與企業家精神》。
1993年	預見知識社會來臨的《後資本主義社會》出版。
2005年	於克萊蒙特的家中去世。

Chapter

2

為了貢獻所需的經營視角

杜拉克強調社會貢獻的重要性。在此介紹他認為在商業中不可或缺的經營視角。

01 為了貢獻有必要意識到市場的存在

企業有3種成長率

STEP 1 市場的成長率

市
正在迅速成長！
很遺憾地
不斷在縮減…
市

企業必定屬於某個市場。然而，在未成長的市場中，對公司作出貢獻將變得困難。

STEP 2 ▸企業的成長率

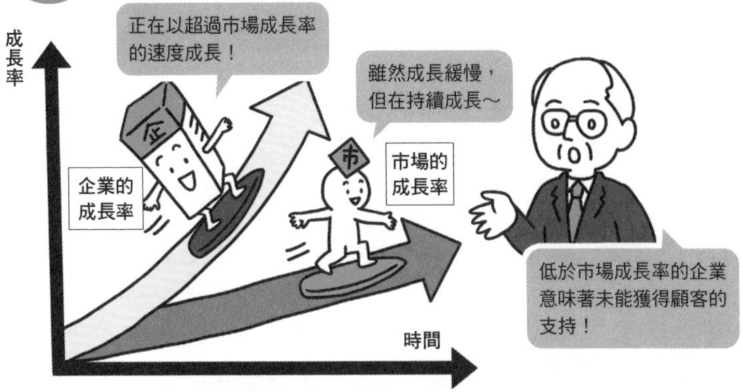

雖然成長緩慢，但在持續成長～

低於市場成長率的企業意味著未能獲得顧客的支持！

企業如果沒有超過市場成長率達到「量的成長」的話，相對而言就不能算是真正的有貢獻。

STEP 3 ▸質的成長率始終不可或缺

商品的缺貨情況減少了！
成功提升了業務流程的效率！
正在質的方面成長～
公司內部的無紙化進程正在推進！

質的成長率需要不斷地持續提升，這是至關重要的。

02 透過創造顧客來為人們做出貢獻

創造需求並供應
是企業的本質

STEP 1 ▸不是只要生產商品就可以

商品賣得
不太好啊…
新商品
新商品嗎？但我並不需要
一個新的平底鍋。

只生產商品並不代表就能
創造出會購買的顧客。

STEP 2 ▶重要的是顧客的需求

好的！
新商品
專用於煎蛋卷的平底鍋？
剛好需要，買下來吧！

只有符合顧客需求的商品，才能讓顧客購買。

STEP 3 ▶把握需求，實現自己想要的交易

獨一無二的星形平底鍋！
還有超實用的小型平底鍋！
這個才3000日圓？
好獨特的設計啊，

1個 3000日圓

如果產品讓顧客滿意，即使價格比其他公司高，他們也會在您期望的條件下購買。

03 為了滿足顧客需求所需的要素

需要的不是
賣出商品的機制，
而是自然熱賣的機制

STEP 1 ▸買什麼、買多少，都是顧客決定的

嗯…不太想買，
預算也超過了。
我們公司對這款產品很有信心，
要不要來看看？

無論產品多好，如果無法激起顧客的購買慾望，他們還是不會購買。

STEP 2 ▶企業應該販售顧客想購買的商品

企業的職責就是提供讓顧客願意花錢購買的商品。

STEP 3 ▶遵循「三現主義」很重要

注重「現場、現實、現物（實物）」這三個要素，將顧客的需求具體化，就能創造出顧客。

04 明確分辨誰是顧客

不僅要了解需求，
還要了解顧客

STEP 1 ▶顧客有多種不同類型

顧客不僅是指購買商品的人，還包括處理商品的人或銷售商品的場所。

想讓喜歡攝影的人也能喜歡這款產品～
如果店員不喜歡的話，也不會擺在店頭銷售吧。
不能在網頁廣告上放置不適合的商品。

STEP 2 ▶顧客會隨著時代和環境變化

時代和環境的變化，顧客也會隨之改變。
敏銳地察覺這些變化是非常重要的。

STEP 3 ▶時刻考慮應該滿足誰的需求

當明確了應該滿足的顧客後，就能製作出符合需求的商品，從而達成組織的目標。

05 以成果為中心來思考如何提升生產力

生產力是
衡量附加價值的
標準

STEP 1 ▸支撐生產力的4大要素

人力
物資
資金
時間
在經營中重要的
就是這4個要素！

與生產力相關的就是人力、物資、資金、時間這4個要素。
如何運用這些要素將直接影響成果。

STEP 2 ▶與其削減成本，降低成本率更為重要

比起削減成本，更重要的是如何降低成本率。

STEP 3 ▶考慮4大要素的平衡

關鍵在於平衡4大要素（人力、物資、資金、時間）。
要好好思考每個部分應該投入多少資源。

06 創造新價值也很重要

STEP 1 依靠現有方法和機制最終會遇到瓶頸

之前一切都很順利…
即使之前的計劃成功了，也不能一直用同樣方法。

如果保持現狀不變，就無法應對顧客需求和時代的變化。

STEP 2 ▶創新是創造新價值的手段

要打破現狀…
只能依靠創新！
技術上的創新
開發出了
獨一無二的產品！
制度上的創新
導入在宅工作！
提高工作效率～
社會上的
創新
若這項目成功了，
或許可以解決環境
問題！

創新不僅指技術革新，還包括創造新價值的所有手段。

STEP 3 ▶沒有努力就不會有創新

也許把產品A和
產品B結合起來
能有意外的效果。
參考現有的方法
並進行改進。
持續挑戰吧！
GOAL
有沒有更高效
的方法呢～

創新來自於朝著明確目標進行分析、制定戰略並執行一系列縝密的努力。

Column②

組織中重要的是培養挑戰精神的土壤

為了達成組織的目標，營造一個讓組織成員容易挑戰的環境是非常重要的。

即使組織中有一個優秀的人，如果只依賴那個人，也無法取得組織的成果。需要建立一個全員齊心協力向著目標前進的機制。創造一個人員能夠被正當評價、不畏懼失敗、容易挑戰的環境，這才是經營者的責任。

我也要挑戰！
我一定會成功的！
有成果的話
會好好評價你的～
失敗也沒關係，
儘管去挑戰吧！

Chapter

3

為取得成果的自我管理

為了達成目標，首先必須約束自己的情感和行為。讓我們來一起學習任何人都可以立即實踐的自我管理方法。

01 要貢獻必須擁有知識

知識是
取得成果的能力

STEP 1 ▶透過經驗學習是有限的

雖然挖洞的速度
因經驗而變快了…
但光靠經驗
無法掌握
重型機械的操作。

雖然經驗能讓你記住工作流程，
但從中獲得的東西是有限的。

STEP 2 ▶工作的創意與巧思來自於學習

不僅僅依靠經驗，透過學習並吸收知識，能夠獲得更高的能力。

STEP 3 ▶適性和才能這類資質也很重要

適性和才能等天生的資質，也是取得成果的重要因素之一。

02 先考慮時間，再來考慮計劃和工作

了解時間的性質
很重要

STEP 1 ▶時間是非常稀有的資源

去銀行申請貸款
來籌措資金！
招募員工來確保人力！
時間是無法從
任何地方獲得的⋯
銀行

時間是有限的。不同於資金、人力或物資，時間無法從外部獲取，也無法用其他東西來替代。

STEP 2 ▶時間是無法用金錢購買的

時間是無法用金錢購買的。也無法從他人那裡獲得或借用。

STEP 3 ▶時間無法倒流

時間不斷流逝，無法回到過去。
因此，必須好好管理時間。

03 要取得成果必須管理時間

有 3 種方法
可以創造時間

STEP 1 ▸記錄工作的時間

記錄自己如何使用時間，
每次都要做好記錄！
本來想一起記錄的，
結果忘記自己
怎麼用了時間…
建議實時記錄！

實時記錄自己如何使用時間，才能掌握自己的時間利用狀況。

STEP 2 ▶整理工作的時間

原來我在
郵件和電話上
花了這麼多時間⋯
規劃企劃案時
需要更多時間啊～
企劃
立案
郵件
電話
文件
製作
會議

將工作分類為必要的和非必要，整理時間的使用方式，並找出浪費時間的原因。

STEP 3 ▶整合工作的時間

我要在這2個小時內
集中精力工作！
10分鐘內做這個，
接下來的5分鐘做那個～
時間
時間
時間
時間
不可以條件反射式地
查看手機和郵件！

確保連續的時間，並在那段時間內專心工作。
將工作按類別整合也是一個有效的方法。

04 創造專注於工作的時間

不要將時間
切割成零碎，
而是確保連續時間

STEP 1 ▶創造一個能專心工作的環境

正在
工作中
9/5
月
每週一上午是
用來管理進度
的時間！

為了達成成果，確保連續的時間並營造一個能專心工作的環境是非常重要的。

STEP 2 ▶同時進行多項工作會使得效率低下

如果試圖同時處理多項工作，會無法集中，錯誤也會增加，結果效率反而會變差。

一邊回覆郵件
一邊寫報告書…
明白了！

課長，
再麻煩您
檢查這些文件。

STEP 3 ▶從重要的工作開始

先處理這個吧！
重要

根據工作的優先順序進行整理，從重要的任務開始著手，這樣能更有效率地完成工作。

05 放棄那些沒有成果的工作

STEP 1 ▶分析自己的業務

這項業務有未來的潛力！
這項業務做下去可能不會再有成長…
業務A
業務B

客觀地檢查業務，區分出有望取得成果的和不太可能產生成果的工作。

STEP 2 ▸只專注於有成果的事情

優先處理有望取得成果的業務，並將資源、人員、時間投入其中。

重要的是
選擇與集中！
這項業務值得
投入更多精力～
業務
A
要投入
人員和時間！

STEP 3 ▸放棄沒有成果的業務

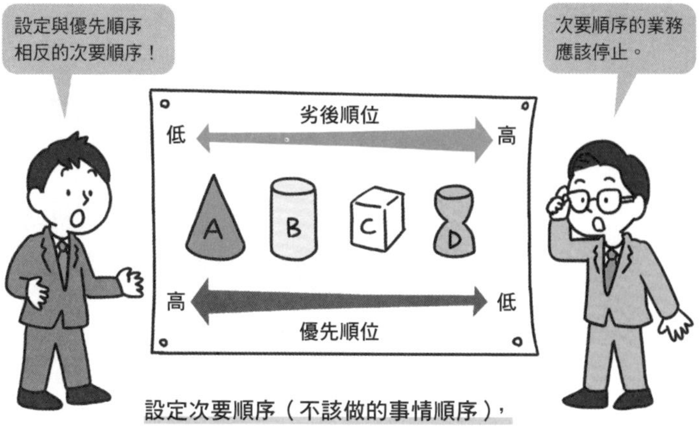
設定與優先順序
相反的次要順序！
次要順序的業務
應該停止。
劣後順位
低
高
A
B
C
D
高
低
優先順位

設定次要順序（不該做的事情順序），並放棄那些無法預期會有成果的業務。

06 自己的強項能帶來成果

發揮自己
擅長或出色的事物

STEP 1 模仿他人無法期待成果

想要像那個人一樣
搬運很多東西，
結果失敗了…

即使嘗試模仿他人來取得成果，但如果這不適合自己，也難以期待好的結果。

STEP 2 ▶每個人都有自己擅長的事情

不管是什麼，都要找到自己的強項。請分析自己，尋找你擅長的事物。

STEP 3 ▶若有任何限制，就在限制中找到強項

即使在賦予的權限或自由度有限的情況下，
也要在其中尋找能夠發揮的強項。

07 客觀地分析自己

透過回饋分析
了解自己的強項

STEP 1 首先設定目標和期限

一個月內開拓
10個新客戶！
10
本月的營業成績

在回饋分析中，首先要設定一個具體的目標，比如「在某個期限內達成某件事」。

STEP 2 ▶把目標寫在紙上

為了不忘記，
寫在紙上並貼起來！
10
在一個月內
開發10個
新客戶

當目標確定後，要將其寫在紙上。這樣可以讓目標更加具體化並提升意識。

STEP 3 ▶期限到了就將目標與達成度進行比較

我也長期實踐
回饋分析～
需要進一步改善
用於簡報的資料。
10
6
只開拓了6個新
客戶…

當期限到來時，要回顧自己在多大程度上達成了目標，並從中找出自己的強項和需要改進的地方。

08 找到適合自己的學習方法

了解自己的強項
能提升成果

STEP 1 在工作上能幹與否的區別

哦～我是
力量型的！
我是速度型的！
我不知道自己
屬於哪一類型…
工作能力的差異
取決於是否了解
自己的強項！

工作上能幹的人了解自己的強項，不能幹的人則不清楚，這就是最大的區別。

STEP 2 進行回饋分析

原來，這種方法
比較適合我～
透過回饋分析，
可以了解適合
自己的工作方式！

為了解自己的強項和適合的工作方式，可以進行回饋分析（請參見第50～51頁）

STEP 3 改善工作方式

工作效率
比以前提高了！
如果改變這部分，
或許可以獲得
更好的成果～

透過反覆分析，找到更適合自己的工作方式，並逐漸掌握它。

09 為自己的價值觀感到自豪

組織的價值觀與
自己的價值觀矛盾，
就無法產生成果

STEP 1 ▸自己的價值觀與組織是否一致？

將品質放在
最優先的位置！
希望你們也能
以品質為優先～
希望你們重視效率，
而不是品質～
將品質放在
最優先的位置！

如同個人一樣，組織也有自己的價值觀。必須確認一下自己的價值觀是否與組織一致。

STEP 2 ▶價值觀的不同會反映在成果上

把這個工作結束掉，
開始下一個工作。
再多花點心思，
品質就能提升了…
品質UP

如果與組織的價值觀不一致，保持動力會變得困難，也會因此影響到成果。

STEP 3 ▶尋找能夠發揮自己價值觀的地方

提高更多的產出！
在組織內的其他地方，
也許可以以品質為重心

這個團隊重視品質～
我已經不再適合
這家公司了，
應該轉職到別家公司…

當你與組織的價值觀不同時，可以在組織內或組織外尋找能夠發揮自己價值觀的地方。

10 為自己創造另一個歸屬

逆境中
能拯救自己的，
是第二份工作

STEP 1 工作中也會有失敗的時候

工作並不總是順利，每個人都有可能在工作中遇到失敗。

我們不會再和
你們公司合作了！
非常抱歉！
糟了！我訂單的
數字弄錯了！

STEP 2 ▸這並不代表人生就失敗了

即使犯了大錯並可能受到懲罰，但這不代表人生就此結束了。

STEP 3 ▸職涯轉換或副業是自我救贖的途徑

透過副業等方式在工作以外建立歸屬感，將對離職後的人生產生巨大的正面影響。

Column③

通往成功的基石在於踏實的努力

要在工作中取得成功，並不需要特別的才能。關鍵在於是否能每天穩步累積工作經驗。

成功之人並非擁有超凡能力的人，而是能夠踏實不斷地進行『反覆』的人。每天累積通往成功的必要工作，並保持不懈努力的勤奮，才是最大的武器。

您對我們公司了解得真透徹。
我們非常願意與您合作～
謝謝您！
之前的詳細調查
確實有幫助。
今後也要一步一腳印
繼續努力！

Chapter

4

經理應有的姿態

經理是驅動組織的核心人物。本章將從杜拉克的教誨中探討「領導力」的精髓。

01 經理是什麼樣的存在？

能夠考慮
組織成果的人
是經理

STEP 1 ▸經理責任在於成果，而非部下的行為

各項工作都在順利進行。
A 案件
OK
B 案件
OK

C 案件
OK

經理的工作是貢獻並負責組織的成果，而不是單純發號施令給部下。

STEP 2 ▸經營層並不只有唯一的經理

經營工作難道只是
上層的事情嗎？
和我們一般員工
無關吧？

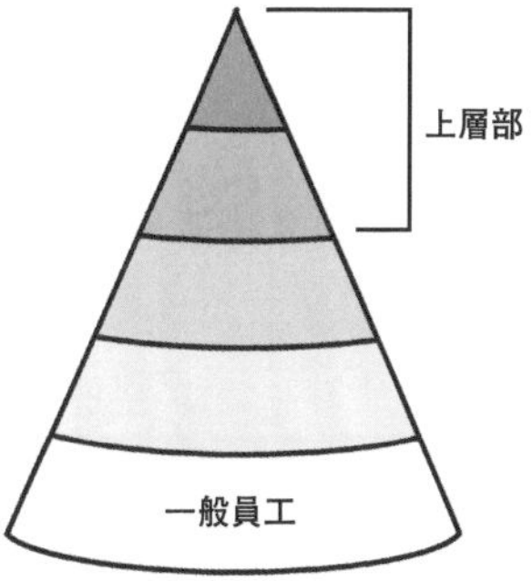
上層部
一般員工

經營或管理，並不是只有企業上層才做的工作。

STEP 3 ▸所有對成果負責的人都是經理

我是設計和製造
的負責人。
我負責整個專案的
管理。
每個人
都是經理！

我是公關的
負責人。
我負責現場的
發包。

現場管理者和專案負責人等所有對成果負責的人都是經理。

02 經理所需的誠實

STEP 1 ▶不誠實的經理會毀壞組織

說謊、推卸責任等缺乏道德的行為，是不可以接受的。即使再有能力，也會成為毀壞組織的因素。

都是你們的錯，才會失敗。
總是發脾氣…
再也無法跟隨這個人了…
不就是你自己拒絕另外的方案嗎？

STEP 2 ▶不需要領袖魅力

已經確認文件，
現在返還給你～
感謝您迅速
處理！
感謝您重視
現場的意見！
效率UP
如同大家建議的，
今後將改用這種方法。

經理應具備的是對工作的誠實，而非特殊技能或領袖魅力。

STEP 3 ▶誠實的人能與周圍建立信任關係

提出改進方案
看看吧～
與這個人一起工作
感到安心～
不懂的地方
就請教他～

即使沒有領袖魅力或威嚴，只要具備誠實，就能與周圍建立信任關係並團結組織。

03 將經理的職位與職能區分開來

經理並不是
特別的存在

STEP 1 ▶經理作為組織中的一個職能而存在

管理
管理
我被委任了
管理組織的角色。

公司賦予經理這個職位，作為組織協調與運作的一個功能。

STEP 2 ▶經理也是組織的一員

經理在作為組織成員工作之餘，還承擔管理的職責。

STEP 3 ▶打個比方，就像一個管弦樂團

我會履行指揮者的職責！
雖然我的出場次數不多，但我會負起應有的責任。
為管弦樂團增添光彩的是小提琴手的角色。
在指揮整體的同時，也為樂團作出貢獻。

管弦樂團缺少任何一個成員都無法運作。指揮者（經理）並不是唯一的重要存在。

04 建立機制是領導者的工作

用機制來提升
部下的動力

STEP 1 ▸委派高水準的工作

目前只是在用
釘書機裝訂資料。
試著從企劃
開始做吧！
交給我吧！

與其一直做簡單的工作，不如被委以適當難度的工作，這樣更能激發工作動力。

STEP 2 ▸ 提供自我管理所需的資訊

為什麼要
做這種事？
真麻煩～
1 天放入
1 試管
原來如此！
那我好好做吧！
這是為了
確保結果的
必要步驟。

如果沒有關於被分配工作的資訊，就無法產生動力。應該分享這項工作的必要性和意義。

STEP 3 ▸ 讓員工參與決策

這樣改進如何？
不錯，
就照這個方案吧～
我的意見被採納了！
接下來繼續努力～

只依照指示行事的機制並不可取。參與決策可以提升工作意願。

05 部下的評估應以成果為中心

應該專注於成果，
而不是態度

STEP 1 ▶人的言行容易受情感影響

有些部下讓人
想要給予好評～
也有部屬
很難評價…

評估必須公平的進行。絕不能讓個人情感或人際關係影響評估標準。

STEP 2 ▸公平的評估可以激發部下的積極性

關注部屬所取得的成果來進行評價，這也有助於提升他們的動力。

對他人的支援
非常出色～
很高興能得到
正確的評價！

如果更積極些，
會更有助於評價！
來改進工作的
方式吧～

STEP 3 ▸重要的是部下能夠了解並共享成果

明確評價標準後，
更容易取得成果！
彌補不足的部分，
下次更加努力
成果
銷售額
經費節約
協調性
積極性
支援能力
評價
評價
這些是能夠影響
評價的成果。

成果不僅限於銷售額等數字化的項目，協調性、支援能力、管理能力等也屬於成果的一部分。

06 隨時傾聽部下的意見

STEP 1 ▸「溝通」不等於「資訊傳達」

聽說星期四要開會，
請準備一下資料。
雖然有機會交談，
但這樣下去無法進行有效溝通。

溝通不僅是傳遞資訊，而是雙方相互理解的過程。

STEP 2 ▸上司與部下建立緊密關係的方法①

清楚地傳達訊息

這樣考慮喔～

解釋得很清楚。

注意到對方的期望

你有什麼問題嗎？
隨時都可以問～
謝謝！那個，
關於這裡的部分…

使用對方能理解的語言和表達方式非常重要。
此外，察覺對方的期望並作出回應也是關鍵。

STEP 3 ▸上司與部下建立緊密關係的方法②

明確要求

我希望你修改
資料第3頁的
這部分表述。

不僅僅是傳達資訊

下午有會議，
你方便參加嗎？
如果不行的話

這樣的小小關心
讓人感到溫暖。

曖昧的要求會讓對方感到困惑，因此要注意。在傳達資訊時，也要考慮對方的立場，謹慎表達。

07 給予現場管理者權限和責任也是必要的

不要試圖一個人
解決所有問題

STEP 1 ▶現場的細節只有現場才知道

銷售情況如何？
比上個月
稍有增長～
特別是○○在××的人群
中賣得很好！

現場管理者最了解現場的狀況。細節部分應該交給現場處理。

STEP 2 ▶透過委任可以進行細微的修正

由於假日會擁擠，
需要增加人手。
新品需要再
增加20個。
我們希望提供
更好的服務！

透過委任商品和人員等管理工作，可以提高效率。發揮現場的優勢可以提升意願和生產力。

STEP 3 ▶與現場管理者共享工作目的非常重要

來提升
銷售額吧！
現場管理者需要
擁有大幅度的
裁量權！
我會努力的！

給予現場管理者權限，並共享工作目的進行管理，將會帶來巨大的利益。

08 要確保整個團隊都能取得成果

分配合適的工作
非常重要

STEP 1 ▶不要讓工作期限過長

我有件工作
想請你幫忙…
首先請在下週前
完成這個任務～
下下週我預計會有
另一項工作請你幫忙。
3

如果看不到目標，就無法獲得成功的體驗，也無法感受到工作的價值。目標應該逐步設定。

STEP 2 ▶不要只讓部下做支援上司的工作

請幫我製作
報告用資料。
我不是為了
討好上司而
工作的…

工作是為了貢獻公司，不是為了讓上司開心，所以只讓下屬做支持工作是不可取的。

STEP 3 ▶需要適當調整工作量和難度

請協助調整
會議的時間。
好的！
想讓你負責
這個項目的
領導工作。
能被信任
讓我充滿幹勁！

克服困難的經歷有助於成長。根據能力分配能激發動力的工作吧。

2 min

09 支援上司取得成果

上司也有
優勢和劣勢

STEP 1 ▶組織是創造個人無法實現成果的地方

透過多人合作，能達成個人無法實現的成果，這就是公司的強大之處。

我的銷售額大概
是這樣～
業界No.1
大家一起創造了
這麼多的銷售額！

STEP 2 ▸尋找上司的強項，而非弱點

將信紙和鋼筆搭配
成套裝販售吧！
不愧是課長的企劃！
我也會努力支持！
課長好像不太了解流行，
所以我有點擔心
是否能賣得好…

與其專注於上司的弱點，不如發揮他的強項和擅長的事。如果只顧著弱點，將無法獲得成果。

STEP 3 ▸上司取得成果是組織成功的關鍵

多虧了上司，大獲成功！
評價和獎金都上升了！
上司的喜悅
也是我的喜悅♪
業績
UP
評價
UP
銷售額
UP

上司的成功就是團隊和組織的成功。不僅對上司有利，對部下們也會帶來好的結果。

10 管理可能發生的風險①

為了合理的決策，
找出可能性的範圍

STEP 1 ▶進行深層分析

世界情勢

人口的變化

需要進行深層分析，了解人口變化、世界局勢等對經濟產生重大影響的動向。

STEP 2 ▶進行趨勢分析

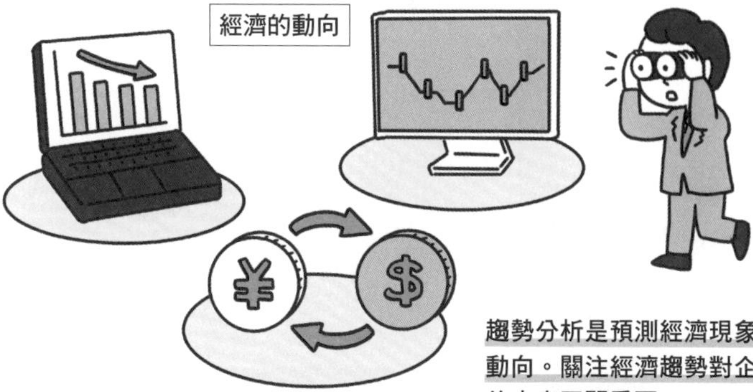
經濟的動向

趨勢分析是預測經濟現象的動向。關注經濟趨勢對企業的未來至關重要。

STEP 3 ▶預測未來

經營是變動的。為了做出合理的決策，必須預先設想最糟糕的情況。

為了做出合理的決策，
進行分析是必要的。
大企業

11 管理可能發生的風險②

STEP 1 ▶理解應承擔風險和可承擔風險

有無法避免的「應承擔風險」，也有即使失敗也不會造成重大損失的「可承擔風險」。

為了未來做好準備，
考慮各種風險是非常重要的。

準備完成。行李雖重，
但沒有這些裝備
就無法爬山。
如果只是小山，
就算失敗也能一個人登頂。
可承擔
風險
應承擔
風險

STEP 2 ▸也要了解無法承擔的風險

知道自己無法應對的風險，有時可盡量避免。

STEP 3 ▸不承擔風險本身也是一種風險

乾脆別爬山了，
爬山本身就是個風險。
Go home
他不爬山
了嗎？
聽說他一不爬山，
身體就變弱了。

不承擔的風險也不能忽視。有時候，不要害怕風險，勇於挑戰也是很重要的。

12 與部下共享決策的理由

不共享資訊會導致
信任關係瓦解

STEP 1 ▶無能的上司常會自以為是地做決定

如果自私地推進事情，部下是不會跟隨的。

按照A公司的
計劃進行吧～
A公司
B公司

STEP 2 ▸無能的上司常會自以為是地下達指示

為什麼選擇了
A公司呢？
這項工作的必要性
是什麼？
要好好完成交代的事喔！
A公司

上司單方面強行下達指示，部下無法信服，信任關係也無法建立。

STEP 3 ▸能幹的上司會確實地共享資訊

說明決策的背景和理由，能讓部下理解並尊重該決定。

因為有○○和△△的原因，
所以選擇了A公司！
A公司
原來是這樣啊～
在這些地方
多加努力吧～

13 將時代的變化視為機會

成為能夠
帶來變革經理
所需的條件

STEP 1 ▸拋棄過去的方法，能夠進行改善

以效率為重點，
從現在開始改用
這種方法吧。
NEW
以往的
做法

能夠將變化視為機會的經理，能不拘泥於過去的方法，不斷進行改善。

STEP 2 ▸永遠追求成功

知道成功的原因並與他人分享，與了解失敗的原因一樣重要。

大成功
成功
失敗
大失敗
以成功的事業為中心分享並分析結果！

STEP 3 ▸促成創新

這位領導的新方法讓人更容易提出意見！
自己的想法也許能夠應用到工作中～
S

有能夠將時代變化視為機會的領導者，會增加創新的機會。

Column④

誠實度不足的經理是什麼樣的人？

作為一名管理者，誠實是不可或缺的。如果管理者不誠實，整個組織將會垮掉。

如果作為組織領導者的管理者不是一個值得尊敬的人，那麼部下便不會追隨他。要獲得尊敬，誠實是必不可少的特質。杜拉克提出了缺乏誠實的管理者5大特徵。

感覺心情
好沉重啊…
企劃書的字
太小了！
標題也不夠
簡潔！

①只事注於
別人的弱點

A的意見是
正確的…
評判的標準
是A嗎!?

②重視誰是對的，
而非什麼是對的

果然還是
要看智商！

③更重視聰明才智，
而非誠實

你們這群人
都不行！

④對部下具有威脅性

我可是天才～
一堆錯漏百出的
東西…

⑤對自己的工作過於寬容

Chapter

5

有關卡內基的基礎知識

以《人性的弱點》和《人性的優點》這兩本暢銷書作家而聞名的卡內基。本章將介紹他的基本教誨。

01 卡內基究竟是什麼樣的人物？

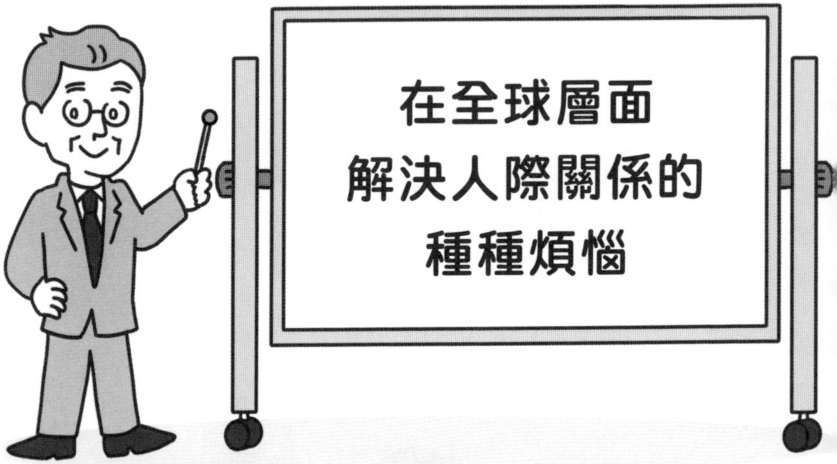

在全球層面
解決人際關係的
種種煩惱

STEP 1 ▸經歷過各種不同的行業並觀察人們

演員
雜誌記者

他與細緻觀察他人的
工作密切相關～
業務員

在從事各種工作的期間，他廣泛觀察了各種人，並決心成為一名教導他人的人。

STEP 2 ▶作為說話技巧的講師廣受歡迎

卡內基式
快速掌握人心的
技巧
通俗易懂！
請多多指教！

卡內基曾以副業的形式，在夜間擔任說話技巧課程的兼職講師，隨著課程次數的增加，他的名聲也愈來愈大。

STEP 3 ▶成為暢銷書作家

感謝大家！
一躍成為
暢銷書作家！
卡內基
《人性的弱點》

他將自己從經驗中獲得的演講技巧和人際交往能力系統化，出版了《人性的弱點》，引發了社會現象。

02 從卡內基身上可以學到什麼？

如何建立
幸福的人際關係

STEP 1 ▸幸福的感覺與地位或財富無關

金錢！
地位和名譽！
問題：
人們要怎麼樣
才能幸福？
答案是
什麼呢？

卡內基認為，人們的幸福並不能用財富或地位來衡量。

STEP 2 ▶重要的是思維方式和看事情的角度

改變以往的思維方式和看待事物的角度，可以學到如何快樂地度過人生。

STEP 3 ▶當自己改變時，別人的行為也會改變

沒問題嗎？
需要我幫忙嗎？
謝謝你～
下次看到有人
需要幫助時，
我也會去關心他們…

可以學習到如何在不強迫他人的情況下，讓周圍的人自然而然成為你的支持者。

03 站在對方的立場上，才能建立良好的人際關係

STEP 1 ▸不應該隨意進行批評或指責

資料提交遲了，
你是不是沒有幹勁？
其實有些問題…
對不起，耽誤了。

直接否定對方的錯誤只會使關係惡化。先聽聽對方的說法吧。

STEP 2 ▸人都想要滿足自己的自尊心

你的接待服務
真的很為顧客著想，
做得非常好！
謝謝！
我會更加努力的！

將注意力放在對方擅長的事物上並加以讚美，可以提高對方的自尊心，讓對方更加主動地行動。

STEP 3 ▸以對方的立場來行動

如果家裡有這台掃地機器人，
您的丈夫一定會非常高興！
的確如此～
也許應該試試看。

站在對方的立場，明確地傳達對他有利的事物，對方就會樂於採取行動。

04 自己謙虛的態度可以改變對方的行為

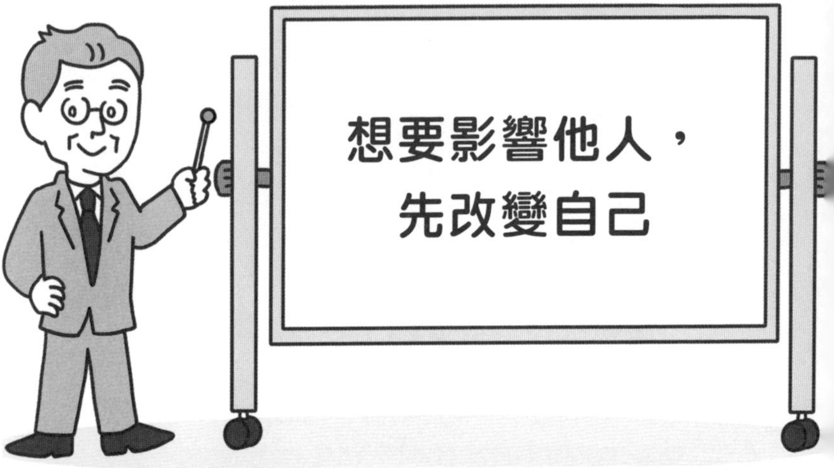

STEP 1 ▶高壓的言行只會引起反感

這份資料錯誤百出，
我根本不想讀！
什麼？
到底哪裡有問題？
這種公司
我不想做了…
パサッ

用高壓態度指責或輕視對方的言行，會成為引發反感的原因。

STEP 2 ▶謙虛的態度會讓對方願意配合

或許是我誤會了，
請再確認一下，好嗎？
有可能是我錯了，
現在馬上處理！

當你以尊重的態度對待對方並滿足對方的自尊心時，對方會更願意接受你的指示或要求。

STEP 3 ▶控制自己的主張可以使事態好轉

其實以前有過
類似的情況…
如果能換個角度
再仔細檢查一下，
我會很感激～

當指出對方的錯誤時，謙虛地表達自己的意見，可以讓對方更容易接受你的建議。

05 可以將自己的煩惱擱置一旁

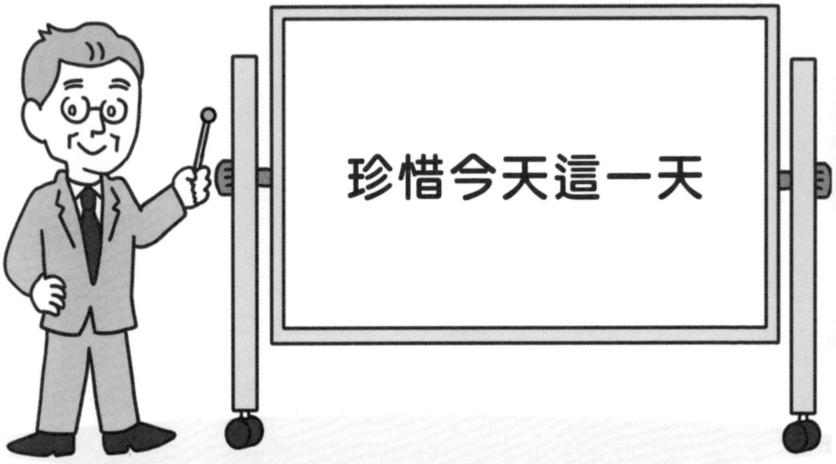

STEP 1 每個人都有對未來的不安

退休後
疾病
財產
10年後，我會變成怎樣呢…？
退休後，會不會因錢而苦惱呢…

誰也無法預測未來會如何。我們都或多或少會對未來感到不安。

STEP 2 ▸不安是由過去的後悔所產生

過去是無法改變的。然而，目前所感受到的不安，往往源自於過去的失敗。

STEP 3 ▸專注於今天

我們能夠掌控的只有現在。將過去和未來的事情先放下，把所有精力投入到「現在」能做的事上。

06 面對煩惱時，有一些應對的技巧

STEP 1 ▸設想最壞的情況

若經營狀況繼續惡化，
店鋪可能倒閉，
家人也會陷入困境…
餐廳

首先，針對目前的煩惱，具體想像可能發生的最壞情況。

STEP 2 ▸為最壞的情況做好接受的準備

即使店鋪倒閉了，
也不會死，
總能有辦法應對。
沒錯～
MENU

當最壞的情況已變得明確，便決心接受那種情況。這樣一來，內心自然會冷靜下來。

STEP 3 ▸努力改善情況

珍惜每一位
來店裡的顧客！
歡迎光臨！

冷靜面對現狀，決定該做的事情。通過不懈努力，情況將逐漸改善。

Column⑤

卡內基的簡易年表

以暢銷書作家聞名的卡內基，以下簡要整理了他的生平。

1888年	出生於美國密蘇里州的一個農民家庭。
青年期	立志成為教師，進入州立學藝大學就讀。畢業後從事過銷售人員、演員、雜誌記者等各種職業。
1912年	在基督教青年會（YMCA）主辦的辯論術講座擔任講師。隨著評價逐漸提高，吸引了大量學員。從YMCA獨立後，成立了戴爾・卡內基研究所，並進一步發展他的辯論術。
1936年	出版了《人性的弱點》。此書引起巨大反響，成為暢銷書。
1948年	出版了《人性的優點》，這本書同樣成為暢銷書。
1955年	在紐約的家中去世。

卡內基的兩大著作

《人性的弱點》

在擔任講師的過程中，卡內基整理了關於人際關係的技巧教材。經過不斷改進，最終完成了《人性的弱點》。

《人性的優點》

一本總結了消除人類煩惱方法的書籍，凝聚了卡內基多年的實踐與檢驗成果。

Chapter

6

改善人際關係的方法

在社會生活中，建立良好的人際關係非常重要。讓我們來學習對於商業有幫助的卡內基式溝通技巧。

01 改善他人印象的方法

對他人抱有興趣
或關心的人
更容易受到喜愛

STEP 1 良好印象是順利推進工作的關鍵

對於那些自己有好感的人，關係更容易加深，這在工作中也同樣適用。

我一直愛用貴公司的產品！
能夠一起合作真是榮幸！
真開心，
感覺和這個人合作
會很順利～

STEP 2 ▸對自己不感興趣的人，不會引起關注

相反地，如果感覺對方對自己沒興趣，雙方的關係在那一刻就會產生裂痕。

那個…貴公司是
生產什麼產品來著？
印象不太好…
完全沒興趣嘛…

STEP 3 ▸關注度愈高，對方的關注度也會愈高

對於那些深深關注自己的人，自己也會因為這份深度而對對方產生興趣。

下次也請多多指教！
今天學到了很多
關於貴公司獨特的

沒想到這麼
關注我們公司…
下次開會之前，
我要多了解一下

2 min

02 抓住人心的方法

成為善於傾聽的人比擅長說話更重要

STEP 1

▶人們對傾聽自己說話的人抱有好感

哇～那真的很不容易呢…
沒想到這麼認真聽我說話，真高興跟她聊天～

自己的話能被認真聆聽，總是讓人感到開心。只要願意聽別人說話，就會因此留下好印象。

STEP 2 ▶自說自話或打斷他人會不受歡迎

如果只顧著講自己的話或打斷別人，對方會覺得你對他不感興趣，要多加注意。

那個不重要啦！我最近去旅行了，你知道嗎…
然後呢…
這個人光顧著說自己的事…

STEP 3 ▶重要的是仔細聆聽

這到底是怎麼回事！
非常抱歉。如果可以的話，請告訴我更多細節。
1小時後
他真的在聽我說話，感覺冷靜了一點…
的確，我理解你的感受～
即使對方生氣了，只要認真聽他說話，也能讓他冷靜下來。

認真傾聽對方的話，並適時回應，這樣會對方感到滿足。

03 獲得他人好感的方法

不要瞧不起或
貶低他人

STEP 1 負面的言語會讓人失去動力

要我說多少次你才滿意！
真是個沒用的傢伙！
我真的不想
再做了⋯

沒有人會因為聽到負面的話而心情愉快，負面情緒只會帶來更多的負面結果。

STEP 2 ▶重要的是讚美而非斥責

你在這方面很優秀，
只要不放棄繼續嘗試，
你一定可以做到！
謝謝您！
我會努力
不放棄！

不斥責而是讚美，這樣可以讓對方自主行動，從而促進成長。

STEP 3 ▶提出指正時，要以建議的方式進行

有件事我比較在意…
可以一起幫忙
確認一下嗎？
明白了！
有什麼話請儘管說。

當在工作中必須提出指正時，應該採取建議而非命令的方式，可以巧妙地引導對方。

04 培養人們成長的方法

STEP 1 ▶人們被受期待時，會想回應這份期待

相信你一定能提出很好的企劃。
我對你充滿期待～
謝謝您！
我會盡全力去做！

當受到他人期望時，人們往往會努力去回應這份期待。

STEP 2 ▸人們不想失去信任

以尊重對方的姿態來滿足其自尊心，這樣對方也會更加順從地接受指示或要求。

我會繼續努力，
不辜負大家的信任！
是個精心的企劃案。
你總是非常認真地

STEP 3 ▸人們總想超越他人

我會努力的！
A班製作的商品
銷量正在上升。
繼續保持這勢頭！
我們也要加油，
超越他們！
A班
B班

利用人們想要優於他人的競爭心態，可以激發他們的動力，並促進其成長。

05 保持他人信任的方法

沒有真心的話語
會讓人感到不信任

STEP 1 ▶不是隨便誇獎就能達到目的

有些人會把恭維當作是真心的讚美話語接受，利用這一點來操控他人是不可取的。

你的協助
真的很棒，
或許這是
你的天賦呢～
很高興能幫上忙，
隨時樂意效勞！
課長…
新人真的
當真了…

STEP 2 ▶只說表面話的人很容易被看穿

今天又幫了大忙，
真不愧是你！日本第一！
他以為口頭誇獎我，
我就會為他做
任何事嗎？
日本一

表面的恭維話遲早會被揭穿。如果只是說一些敷衍了事的話，可能會失去信任。

STEP 3 ▶重要的是發自內心、無私的讚美

這位前輩真的很細心觀察，
這樣的話語值得信賴。
你上次的簡報做得很好，
結構設計得非常用心～

沒有什麼比誠摯、為對方著想的話語更有力量了。
稱讚別人時，應該以對方為優先考量。

06 提升他人評價的方法

展現謙虛和誠實的
態度很重要

STEP 1 事情往往會出錯

那傢伙…數據
完全不準確啊！

發現對方明顯的錯誤時，不顧一切生氣的人並不少見。

STEP 2 ▶過於自信會忽視對對方的尊敬

這傢伙真讓人生氣。
雖然是我的錯，
但我不想道歉…
我已經正確地重新計算
並修正了！這個笨蛋！

過於自信自己是對的人，會不考慮對方的感受，直接指出錯誤，給對方帶來傷害。

STEP 3 ▶立即反省會提升周圍人的評價

誠實地接受自己的錯誤，
可引發對方的良心反應。
抱歉，我因為心急
而犯了簡單的錯誤。
不過…內容做得很好，
也很有邏輯。
真是個老實的
好傢伙～

如果自己有錯，立即承認並道歉，可以緩和對方責備的情緒，並提升對方對自己的評價。

Column⑥

人際關係良好的祕訣是保持微笑

人們有各種各樣的表情，而微笑尤其具有吸引力，能讓人更容易留下深刻的好印象。

表情是最容易被人注意到的部分。與其強行用言語表達好意或感謝，不如展現微笑來更容易傳達。微笑能夠顯示出一個人的溫暖，給予對方良好的印象，即使只是稍微留意一下，也能對改善關係產生積極效果。

啊，謝謝…
表情有點暗淡，讓人不太敢接近他耶…

謝謝！
微笑很棒～我也很高興被感謝！
嗯…感覺這個人很不錯。我也想和他聊聊天…

Chapter

7

轉換心情的方法

面對問題時，擁有恢復力是一大優勢。本章將介紹調整心態、解決問題的方法。

01 不被煩惱困擾的方法

不要追求回報，
也不要心存嫉妒

STEP 1 ▶不要期待他人的感謝

最近，
我狀況很好呢…
看來他忘了以前
我給他的建議。
不過，能幫上忙就好～
與其期待他人的恩惠，
不如在自己的行動中
找到意義！

人往往容易忘記感恩。我們要記住，即使幫助了他人，也不一定會有回報。

STEP 2 ▸將焦點放在當下擁有的事物上

這個月又是第一名，
真厲害～
謝謝！
那個人業績總是很好…
真了不起。
…不過，
我也有企劃能力。
運用這點來貢獻！

與其嫉妒他人，不如專注於自己擁有的優勢，並發揮其魅力，這樣才能更接近幸福。

STEP 3 ▸將負面思維轉為正面思考

我們一直輸給
競爭對手，
該怎麼辦呢…
競爭對手公司
我們公司
已經不會再更差了，
接下來只會愈來愈好！
讓我們加速推進
新產品的開發吧！

在負面情況下，努力將其轉為正面，
這種態度正是引導事物走向美好方向的關鍵。

02 擺脫煩惱的方法

將煩惱數據化

STEP 1 用數據來分析煩惱

果然還是很擔心…
為何不試著調查一下擔憂實際發生的機率呢？了解數據後也許會安心一些～
發生 20%
不發生 80%
根據過去的數據，計算出擔憂實際發生機率的方式被稱為「平均值法則」。

其實，你所擔心的事情發生的機率，遠比你想像中的要低得多。

STEP 2 ▶設定煩惱的期限

一直這樣下去
可不行啊…
設定期限來結束煩惱時間，
這樣就不會一直陷在
煩惱中無法自拔了。
根據煩惱的重要程度
來設定一個期限吧！
這個煩惱，
明天就解決！

預先設定煩惱的期限，這樣就不會擔心會一直煩惱下去了。

STEP 3 ▶讓自己處於忙碌的環境也是個關鍵

突然有急事！
只能集中精力在工作上了…
看起來很忙碌，
但也因為這樣，
似乎從煩惱中解脫了～

當你處在忙碌的狀況下，注意力會集中在手頭的事務上，因此就沒有時間再被煩惱困住。

03 變得正向的方法

人只要轉變想法，
就能變得積極向前

STEP 1 ▸人生是由思考所塑造的

只要凡事都往好的方向去想，行動和情況就會改變，人生也會變得幸福起來。

還有一半的工作
還沒完成…
全部的工作
完成的
工作
還有
一半
我已經完成了
一半的工作～
已經
一半

STEP 2 ▸不要憎恨他人

沒關係！
別管那些事，
讓我們一起打造
熱銷商品吧～
那個人又搶走了
功勞…真的可以
不管嗎？

嘿嘿～

憎恨只會帶來負面的結果。只要擁有堅定的信念和目標，就會發現憎恨是徒勞無益的。

STEP 3 ▸只需要做自己

為什麼總是
他…
我就是我！
A先生真是
活出自己的風采呢～

不與他人比較，也不模仿他人，珍視自我本色，才能真正讓人閃耀。

04 不被他人左右的方法

把他人的批評
轉化為力量

STEP 1 ▸批評的聲音只有自己能聽到

真是個
沒用傢伙
明天我要和女朋友
去看電影～
今天一定要把
這個完成⋯
回家後該做點
什麼好呢～
大家都知道
我被批評的事嗎⋯

人們對自己以外的事情通常不太關心，所以周圍的人並不會像自己那樣在意批評的聲音。

STEP 2 ▸批評是評價的另一面

批評中有時也包含嫉妒。因為受到高評價，才成為嫉妒的對象。

反過來說，這證明你的企劃很出色！
競爭對手對我的企劃挑毛病…

STEP 3 ▸平時就要全力以赴

竟然不是選我的提案，而是選了他的…
我只是全力以赴罷了，沒什麼好在意的～
他總是這麼努力，真了不起！

如果平時全力以赴，這將成為你的自信源泉，讓你即使面對無端的批評也能泰然自若。

05 強化自我的方法

在感謝他人的同時，
約束自己

STEP 1 主動尋求批評的聲音

嗯～
是的…
如果有疑慮的地方
就直說吧！

為了自己期望的成長，積極尋求能夠發揮作用的指教是很重要的。

STEP 2 ▸成為自己最大的批評者

有值得稱讚的

還有改進的

透過這次經歷，
我能如何成長？

如果習慣性地嚴格分析自己的失敗，
就不會對他人的批評感到害怕。

STEP 3 ▸成為目標更高的人

在反省的基礎上，
向更高的目標邁進！
GOAL

進行客觀且準確的分析並接受它，
這將有助於進一步成長。

Column⑦

保持身心健康也是很重要的

人生中沒有不會疲倦的人。如果累積了過多的疲勞，甚至會影響身心健康。

保持心理和身體的健康狀態對每個人都很重要。在解決煩惱之前，應該避免累積造成煩惱的疲勞。卡內基介紹了保持身心健康的6種方法。

稍微休息一下。
下午繼續努力！

①提前休息，避免累積疲勞

心情平靜了～

②放鬆以減輕心理疲勞

隨時可以
再和我談談～
感謝傾聽！
我感覺清爽
多了～

③減少煩惱，減輕疲勞

分擔工作，
減少每人的
負擔！
明白了！

④檢討工作的方式

簡單的工作
也能夠享受
其中～

⑤透過思維轉換使工作更愉快

雖然很疲倦
但還是難以入睡…
那麼，
就寫寫日記吧！

⑥即使不能睡覺也不要擔心

▶▶ 參考文獻

如果想要更詳細了解杜拉克與卡內基的話，請閱讀以下書籍！

『マネジメント 課題、責任、実践(上・中・下)』
『【エッセンシャル版】マネジメント 基本と原則』
『明日を支配するもの』
『イノベーションと企業家精神』
『経営者の条件』
『現代の経営(上・下)』
『創造する経営者』
『ネクスト・ソサエティ』
(すべてP・F・ドラッカー 著、上田惇生 訳、ダイヤモンド社)

『人を動かす 文庫版』(D・カーネギー 著、山口博 訳、創元社)
『道は開ける 文庫版』(D・カーネギー 著、香山晶 訳、創元社)

『図解で学ぶ ドラッカー入門』(藤屋伸二 著、日本能率協会マネジメントセンター)
『図解で学ぶ ドラッカー戦略』(藤屋伸二 著、日本能率協会マネジメントセンター)
『別冊宝島1750 まんがと図解でわかる ドラッカー リーダーシップ論』
(藤屋伸二 監修、宝島社)
『別冊宝島1710 まんがと図解でわかるドラッカー』(藤屋伸二 監修、宝島社)
『13歳から分かる！人を動かす カーネギー 人間関係のレッスン』
(藤屋伸二 監修、日本図書センター)
『13歳から分かる！道は開ける カーネギー 悩みを解決するレッスン』
(藤屋伸二 監修、日本図書センター)
『まんがでわかる D・カーネギーの「人を動かす」「道は開ける」』(藤屋伸二 監修、宝島社)

BOOK STAFF

執筆協力　上田美里、龍田昇
插圖　しゅんぶん
設計　森田千秋(Q.design)

監修　藤屋伸二

藤屋利基戰略研究所

於藤屋利基戰略研究所擔任代表董事。1956年出生。1996年，成立了經營顧問公司。1998年進入研究所，開始研究被譽為「管理學之父」的杜拉克。目前，他以杜拉克的經營理論為基礎，提出「將毛利率提高20%的市場利基領先戰略」為概念，針對中小企業進行顧問、經營培訓、演講及寫作活動。他的著作和監修書籍包括《図解で学ぶドラッカー入門》（日本能率協會管理中心）、《ドラッカーに学ぶ「ニッチ戦略」の教科書》（直接出版社）、《13歳から分かる! プロフェッショナルの条件》（日本圖書中心）、《まんがと図解でわかるドラッカー》、《まんがと図解でわかるコトラーの思いやり仕事術》、《まんがでわかる D・カーネギーの「人を動かす」「道は開ける」》（均由寶島社出版）等共計52本書，累計發行量超過258萬冊。

倍速講義
杜拉克×卡內基商業小學堂

出　　版／楓葉社文化事業有限公司
地　　址／新北市板橋區信義路163巷3號10樓
郵政劃撥／19907596 楓書坊文化出版社
網　　址／www.maplebook.com.tw
電　　話／02-2957-6096
傳　　真／02-2957-6435
監　　修／藤屋伸二
翻　　譯／邱佳葳
責任編輯／吳婕妤
內文排版／洪浩剛
港澳經銷／泛華發行代理有限公司
定　　價／350元
出版日期／2025年2月

國家圖書館出版品預行編目資料

倍速講義：杜拉克 × 卡內基商業小學堂 / 藤屋伸二監修；邱佳葳譯 . -- 初版 . -- 新北市：楓葉社文化事業有限公司, 2025.2
面；　公分

ISBN 978-986-370-770-7（平裝）

1. 職場成功法 2. 管理科學 3. 人際關係

494.35　　113019921